彩图1　祁门工夫的外形和汤色

彩图2　滇红工夫的外形和汤色

彩图 3　闽红工夫的外形和汤色

彩图 4　川红工夫的外形和汤色

彩图 5　中小叶种鲜叶

彩图 6　大叶种鲜叶

彩图 7 揉捻后的条索

彩图 8 发酵适度

红茶加工基本技能

就业技能培训教材 | 人力资源社会保障部职业培训规划教材
人力资源社会保障部教材办公室评审通过

主编　温雨锋　盛永

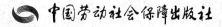中国劳动社会保障出版社

图书在版编目(CIP)数据

红茶加工基本技能/温雨锋,盛永主编. -- 北京:中国劳动社会保障出版社,2019

就业技能培训教材

ISBN 978-7-5167-3862-7

Ⅰ.①红… Ⅱ.①温… ②盛… Ⅲ.①红茶-加工-技术培训-教材 Ⅳ.①TS272.5

中国版本图书馆 CIP 数据核字(2019)第 029624 号

中国劳动社会保障出版社出版发行

(北京市惠新东街 1 号 邮政编码:100029)

*

北京市艺辉印刷有限公司印刷装订 新华书店经销

880 毫米×1230 毫米 32 开本 2.75 印张 2 彩插页 46 千字

2019 年 3 月第 1 版 2021 年 4 月第 3 次印刷

定价:**10.00** 元

读者服务部电话:(010) 64929211/84209101/64921644

营销中心电话:(010) 64962347

出版社网址:http://www.class.com.cn

前　言

国务院《关于推行终身职业技能培训制度的意见》提出，要围绕就业创业重点群体，广泛开展就业技能培训。为促进就业技能培训规范化发展，提升培训的针对性和有效性，人力资源社会保障部教材办公室对原职业技能短期培训教材进行了优化升级，组织编写了就业技能培训系列教材。本套教材，以相应职业（工种）的国家职业技能标准和岗位要求为依据，并力求体现以下特点：

全。教材覆盖各类就业技能培训，涉及职业素质类，农业技能类，生产、运输业技能类，服务业技能类，其他技能类五大类。

精。教材中只讲述必要的知识和技能，强调实用和够用，将最有效的就业技能传授给受培训者。

易。内容通俗，图文并茂，引入二维码技术提供增值服务，易于学习。

本套教材适合于各类就业技能培训。欢迎各单位和读者对教材中存在的不足之处提出宝贵意见和建议。

人力资源社会保障部教材办公室

内 容 简 介

　　本书是红茶加工岗位就业技能培训教材，首先介绍了红茶加工岗位认知，包括茶叶加工工职业道德及职业守则、茶叶安全生产及茶叶加工岗位职责；然后介绍红茶基础知识，包括红茶概述和红茶通用的初制工艺；最后详细介绍小种红茶、工夫红茶、红碎茶的初制技术。

　　为帮助读者更好地掌握红茶加工技能，扫描封底的二维码可免费查看本书相关高清图片。

　　本书由温雨锋、盛永主编，张杰飞、周玲、刀剑参与编写。本书在编写过程中得到了云南省普洱市人力资源和社会保障局、普洱市兴民职业培训学校等单位的大力支持，在此表示衷心的感谢。

目　录

第 1 单元　岗位认知 ……………………………………………（ 1 ）

　　模块 1　茶叶加工工职业道德及职业守则 ………………（ 1 ）

　　模块 2　茶叶安全生产及茶叶加工岗位职责 ……………（ 5 ）

第 2 单元　红茶基础知识 ………………………………………（ 9 ）

　　模块 1　红茶概述 …………………………………………（ 9 ）

　　模块 2　红茶初制工艺 ……………………………………（ 15 ）

第 3 单元　红茶初制技术 ………………………………………（ 35 ）

　　模块 1　小种红茶初制技术 ………………………………（ 35 ）

　　模块 2　工夫红茶初制技术 ………………………………（ 49 ）

　　模块 3　红碎茶初制技术 …………………………………（ 67 ）

培训大纲建议 ……………………………………………………（ 78 ）

红茶加工岗位的主要工作内容是，将茶树鲜叶加工成红茶初制产品和精制产品。具体来说，主要包括掌握初加工技术，并操作萎凋设备、揉捻机等初加工设备；操作筛分机、风选机等精加工设备，对毛茶进行整饰、筛选分级，调剂品质；操作烘干设备对茶叶进行干燥处理；用特定的工艺加工相应的茶品；对茶叶进行质量检验、包装和存储。

模块 1　茶叶加工工职业道德及职业守则

一、遵守职业道德，树立职业精神

职业道德是指从事一定职业的人们在工作和劳动中所应遵循的

与职业活动紧密联系的道德原则和规范的总和。职业道德是社会道德的重要组成部分，作为一种社会规范，具

有具体、明确、针对性强等特点。职业道德包含职业观念、职业良心、职业自豪感等道德品质。茶叶加工工应在自己的岗位上，通过不断学习，努力提高自己的职业道德素质，树立为人民服务的思想。

1. 遵守职业道德的必要性

（1）遵守职业道德有利于提高茶叶加工工的职业道德素养。职业道德素养是一个人整体素养的一部分，良好的职业道德素养能够激发茶叶加工从业人员的工作热情和责任感，促使其努力钻研业务、提高技术水平，从而提高茶叶生产的质量。

（2）遵守职业道德有利于形成茶叶加工行业良好的职业道德风尚。茶叶作为一种饮料，其品质与饮用者的健康直接相关。茶叶的品质与茶叶的价格成正比，茶叶的生产应不掺假，不使用有损消费者身体健康的添加剂、加工器具和包装材料，不以次充好欺骗消费者。

（3）遵守职业道德有利于促进茶叶加工事业的发展。茶叶加工从业人员遵守职业道德，提高个人修养，能够提高其工作成效，生产出更多的优质茶叶产品，从而促进茶叶加工事业的发展。

2. 培养职业道德的途径

（1）积极参加社会实践，做到理论联系实际。茶叶加工工只有在工作中加强职业道德理论的学习，并在实践中时刻以职业道德规范来约束自己，才能逐步养成良好的职业道德品质。

（2）强化道德意识，提高道德修养。茶叶加工工应该认识到自己所从事职业的重要性，时刻不忘自己的职责，并将其转化为高度的责任心和义务感，不断激励自己干好本职工作。

（3）开展批评和自我批评，注意自己的言行。茶叶加工工应当在工作中开展批评和自我批评，同事之间可以相互监督和帮助，使每个人在日常工作中都能够随时注意自己的言行，从而促进个人道德品质的提高。

（4）努力做到"慎独"，提高精神境界。所谓"慎独"，是指在无人监督的情况下，同样具有自觉遵守道德规范、不做坏事的能力。茶叶加工从业人员在工作和生活中会涉及茶业生产乃至销售的很多方面，所以，面对各种诱惑要特别强调达到"慎独"的境界。

二、职业守则基本知识

1. 爱岗敬业，忠于职守

只有热爱本职工作，才能积极、主动、创造性地去工作。茶叶作为世界三大不含酒精饮料之一,是很多人日常生活必不可少的消费品。茶叶加工工作对提高人们的生活质量及促进社会经济发展具有重要意义。因此,茶叶加工工要认识到自己工作的价值,热爱这项工作,了解本职业的岗位职责和要求,以较高的技能水平生产出高品质的茶叶产品。

2. 遵纪守法,诚实守信

遵纪守法、诚实守信是公民的基本道德规范,是做人的基本准则。首先,茶叶加工工必须遵守国家法律和职业纪律,职业纪律包括劳动纪律、组织纪律、财务纪律等方面的要求,以及服从企业统一管理,严格执行企业各项规章制度,如考勤制度、卫生及安全生产制度等。其次,茶叶加工工还必须做到诚实守信,诚实守信是一种职业态度,它能树立个体的信誉和值得他人信赖的道德形象。

3. 尽心尽职,竭诚奉献

茶叶加工工要充分发挥主观能动性,积极创新,尽自己最大的努力加工出有利于身体健康、品质得到保证并让消费者满意的茶叶产品,为茶叶加工业的发展做出贡献。

4. 钻研业务,精益求精

茶叶加工工要生产出让消费者喜爱的高品质茶叶产品,就必须在工作中刻苦钻研业务，做到精益求精，学好并熟练掌握各种茶叶加工的知识和操作技能。学习的途径主要有两种，一是从书本中学习，二是向老师傅学习。茶叶加工工要在实践中加强锻炼，增长知识和提高技能，力争成为茶叶加工行业的能工巧匠。

模块2 茶叶安全生产及茶叶加工岗位职责

一、茶叶安全生产

影响茶叶质量安全的主要因素有5个：农药残留、重金属、有害微生物、非法添加剂及非茶异物。在茶叶加工过程中，加工环境污染、加工机械污染、加工人员的不良卫生习惯等都可能造成茶叶的质量安全问题。因此，为了保证茶叶的质量安全，茶叶生产过程必须符合以下要求。

1. 茶叶加工的环境要求

（1）茶叶加工车间应远离厕所、垃圾场、畜牧场、居民区及排放"三废"的污染源，安装防尘、防烟设施，墙壁与地面应保持光洁，加工中和加工后应方便清洁，茶叶中不得混入泥沙、石灰等异物。

（2）茶叶加工器具须符合卫生要求，不得使用含有铅、铜等能污染茶叶的材料，在加工过程中或加工结束后，应对各种设备机具及场地做好维修和保洁工作，严防机油滴漏和其他有害物质的污染。

（3）鲜叶收购应严格执行验收标准，鲜叶应新鲜、清洁，无红梗叶，无异味（农药味或其他异味），无茶梗、茶果、老叶等杂质。

（4）装运鲜叶的工具必须是清洁、无毒、无害、无异味、透气性好的竹筐，不得使用布袋、塑料袋等装运。

（5）加工车间外应配有专用的更衣室和洗手间。

2. 茶叶加工工的身体要求

（1）茶叶加工工应具有健康的体魄，以适应茶叶加工岗位对体能的要求；应无传染性疾病，须取得健康证明并经过培训方能上岗。

（2）茶叶加工工应具备正常视力，裸眼视力不低于 1.0，且辨色正常，无色盲。

（3）茶叶加工工应当嗅觉灵敏，能够识别茶叶香气的变化。

3. 茶叶加工工的卫生要求

（1）个人衣物与工作服要分开存放。个人衣物（鞋、包、帽等）应存放在更衣室个人专用更衣柜内，不得将其他个人物品带入茶叶加工车间。

（2）进入茶叶加工车间前，必须穿戴好整洁的工作服、工作帽、工作鞋。工作服应盖住外衣，头发不得露出帽外，必要时佩戴口罩，不得穿着工作服、工作鞋离开茶叶加工车间。工作服标准装束如图1—1所示。

图1—1　工作服标准装束

（3）茶叶生产操作、验收人员必须保持良好的个人卫生，勤理发、勤剪指甲、勤洗澡、勤换衣服。生产作业时手部应保持清洁，上岗前须洗手消毒，作业期间如果整理了头发、擦汗或拿了不洁净的用具时，要将手洗净方可继续作业。上班前不能酗酒，在生产场所不能吸烟，工作中不吃食物，不做其他有碍食品卫生的事情。

（4）与茶叶直接接触的人员，不能涂指甲油，不能使用口红、粉饼等化妆品，不得佩戴手表及戒指、项链、耳环等饰物。

（5）茶叶加工操作人员如果手部受伤，就不得接触产品或原料，在经过包扎治疗并戴上防护手套后，方可从事不直接接触茶叶的工作。

二、茶叶加工岗位职责

1. 鲜叶验收

按照茶类要求及茶厂的鲜叶验收标准，做好鲜叶的验收、储存工作。应做到以下两点：一是鲜叶要按级别进行验收，并根据不同的级别分开摊放储存；二是拒收老嫩混杂、不新鲜、有杂质、有异味等的不合格鲜叶。

2. 机械性能检查

每天开工之前，要对各种茶叶加工机械的工作性能进行检查，发现问题应及时报修，以免由于机械故障造成茶叶的浪费或导致安全事故的发生。

3. 茶叶加工

按照各茶类的品质要求及茶厂的产品质量管理要求，保质保量地完成当天的茶叶加工任务。

4. 卫生清洁

每天在茶叶加工结束时，负责茶叶加工车间的地面和各种机具的清洁工作，保证地面无灰尘和散落的茶叶，保证各种机具中无残存的叶子，特别是要将揉捻机上的茶汁清洗干净。

第**2**单元
红茶基础知识

模块 1 红 茶 概 述

红茶属全发酵茶，是以茶树的新鲜芽叶为原料，经萎凋、揉捻（切）、发酵、干燥等一系列工艺初制成毛茶，再经过精制加工而成的成品茶。红茶在加工过程中发生了以茶多酚酶促氧化为中心的化学反应，鲜叶中的化学成分变化较大，特别是随着茶多酚含量的减少，产生了茶黄素、茶红素等新成分，形成茶叶滋味、香气的物质比鲜叶明显增加，具有了红茶红汤、红叶的特征，红茶也因此而得名。

一、红茶的产地

从世界范围看，红茶主要产于中国、斯里兰卡、印度、印度尼西亚、肯尼亚等国家，而每个国家又都有自己的一些特色品种。

从全国范围看，福建、云南、安徽、浙江、江苏、湖南、湖北、四川、贵州、江西、广东、广西等主要产茶区都有红茶生产。一些地方形成了具有自己地方特色的知名红茶品种，例如，祁红产于安徽祁门、至德及江西浮梁等地，滇红产于云南临沧等地，霍红产于安徽六安、霍山等地，苏红产于江苏宜兴，越红产于浙江绍兴一带，湖红产于湖南安化、新化、桃源等地，川红产于四川马边、宜宾、高县等地，英红产于广东英德等地，昭平红产于广西昭平等地。

二、红茶的花色

按照现行的国家红茶标准和加工方法，红茶又可分为小种红茶、工夫红茶、红碎茶三种花色。

1. 小种红茶

小种红茶是最古老的红茶品种，同时也是其他红茶的鼻祖，其他红茶都是由小种红茶演变而来的。小种红茶是福建省的特产，原产于武夷山地区。小种红茶根据其产地、加工和品质的不同，分为正山小种和烟小种两种产品。

（1）正山小种。正山小种是指产于武夷山市星村镇桐木村及武夷山自然保护区域内的茶树鲜叶，用当地传统工艺制作，独具似桂圆干香味及松烟香味的红茶产品（参见 GB/T 13738.3—2012《红茶　第 3 部分：小种红茶》），又被称为"星村小种"或"桐木关小种"。

（2）烟小种。烟小种是指产于武夷山自然保护区域外的茶树鲜叶，以工夫红茶的加工工艺制作，最后经松

> **小知识**
>
> 金骏眉属于正山小种的分支，是难得的茶中珍品，外形细小紧密，伴有金黄色的茶绒茶毫，汤色金黄，入口甘爽。

烟熏制而成，具松烟香味的红茶产品。烟小种主产于福建省的政和、坦洋、古田、沙县等地，江西省的铅山一带也有出产。

2. 工夫红茶

工夫红茶是中国特有的红茶，根据茶树品种和产品要求的不同，分为大叶种工夫红茶和中小叶种工夫红茶两种产品。传统意义上的工夫红茶包括以下两方面含义：一是其加工时比其他种类的茶花费的工夫更多，特别是传统工夫红茶的精制过程更加突出；二是结合产地，把大叶种茶区或引种大叶种茶区制成的条形红茶也称为工夫红茶，小叶种制成的条形红茶一般称为小种工夫。

（1）祁门工夫。祁门工夫主产地为安徽省祁门县一带，与其毗邻的石台、东至、黟县等地也有少量出产。其成品茶条索紧细苗秀、色泽乌润、金毫显露，汤色红艳明亮，滋味鲜醇甘厚，气味清香持

久，以似花、似果、似蜜的"祁门香"闻名于世（见彩图 1），位居世界三大高香名茶之首。

（2）滇红工夫。滇红工夫属大叶种类型的工夫茶，主产于云南省临沧、保山、凤庆等地，是我国工夫红茶的后起之秀（见彩图 2）。

（3）闽红工夫（见彩图 3）

1）政和工夫。政和工夫主产于福建省政和县，按品种分为大茶和小茶两种。大茶采用政和大白茶制成，小茶采用小叶种制成，政和工夫以大茶为主体。

2）坦洋工夫。坦洋工夫分布较广，主产于福建省福安、柘荣、寿宁、周宁、霞浦及屏南北部等地。其中，产于寿宁和周宁交界的茶岭村和茶坪村之间的"归岭红茶"是坦洋工夫中的顶级产品。

3）白琳工夫。白琳工夫主产于福建省福鼎市，属于小叶种红茶。

（4）湖红工夫。湖红工夫主产于湖南省安化、长沙、涟源、浏阳、桃源、邵阳、平江一带。

（5）宁红工夫。宁红工夫主产于江西省修水、武宁、铜鼓一带。

（6）川红工夫。川红工夫主产于四川省宜宾、重庆、雅安等地

（见彩图 4）。

（7）宜红工夫。宜红工夫主产于湖北省宜昌、恩施等地。

（8）越红工夫。越红工夫主产于浙江省绍兴、诸暨、嵊州一带。

（9）浮梁工夫。浮梁工夫主产于江西省景德镇一带的山区和丘陵地带（景德镇一带古称"浮梁"）。

（10）湘红工夫。湘红工夫主产于湖南湘西的石门、慈利、桑植、张家界等县市，现已被归为湖红工夫。

（11）台湾工夫。台湾工夫在台湾的山地、丘陵地区均有出产。

（12）江苏工夫。江苏工夫在江苏省不少产茶的地区均有出产。

（13）铁观音工夫。铁观音工夫主产于福建省安溪县蓝田乡黄柏村等地。

（14）粤红工夫。粤红工夫主产于广东省潮安等地。

3. 红碎茶

红碎茶根据茶树品种和产品要求的不同，分为大叶种红碎茶和中小叶种红碎茶两种产品。

红碎茶按其外形又可细分为叶茶、碎茶、片茶、末茶。其产地分布较广，云南、广东、海南、广西等省（区）都有出产，且相当一部分用来出口。

世界上很多地方都出产红碎茶，例如，印度的大吉岭红茶、阿萨姆红茶，东非的肯尼亚红茶，斯里兰卡的锡兰红茶，等等。

三、红茶的功效

1. 营养成分

红茶富含胡萝卜素、维生素 A、钙、磷、镁、钾、咖啡碱、异亮氨酸、亮氨酸、赖氨酸、谷氨酸、丙氨酸、天门冬氨酸等多种营养元素。

2. 主要功效

红茶可以帮助胃肠消化、促进食欲，具有利尿、消除水肿、强壮心脏的功能。红茶中富含的黄酮类化合物能消除自由基，具有抗酸化作用，可降低心肌梗死的发病率。中医认为，茶也分寒热，如绿茶属苦寒，适合夏季饮用，用于消暑；红茶、普洱茶偏温，较适合冬季饮用；乌龙茶、铁观音等为中性。

冬季胃不舒服，或夏季冷饮、瓜果食用太多感到胃部不适时，可以红茶酌加黑糖、生姜片，趁温热慢慢饮用，有养胃之功效。

模块 2　红茶初制工艺

　　红茶在加工过程中随着产地、品种、加工工艺、加工技术等因素的不同，其产品品质也会有所不同，但红茶加工的基本工艺流程是一致的，主要经过萎凋、揉捻（切）、发酵、干燥等 4 道工序。

一、萎凋

　　萎凋是红茶初制的重要工艺，是鲜叶加工的基础工序。它是让鲜叶在一定条件下，逐步均匀失水，使其发生物理变化和化学变化的过程。

1. 萎凋的目的

　　萎凋的目的主要有三点：一是鲜叶通过失水，可以降低细胞膨压，使叶质柔软，韧性增加，便于揉捻加工成紧结的条索；二是随着水分的散失，细胞的汁液浓缩，使细胞膜的渗透作用加强，酶逐渐活化，酶活性增强，促进叶内化学成分的转化，特别是多酚类成分开始变化后，会引发其他内含成分发生一系列反应，为后续工艺打下基础；三是随着水分的散失，鲜叶的青草气挥发，香气成分逐渐显露。

2. 萎凋的方法

萎凋的方法有自然萎凋和人工萎凋两种。其中自然萎凋包括室内自然萎凋和日光萎凋，人工萎凋主要有萎凋槽萎凋和室内加温萎凋等。

（1）室内自然萎凋。室内自然萎凋是将鲜叶薄摊在室内场地或萎凋架上（见图2—1），利用自然气候条件进行萎凋的一种方法。其优点是萎凋的质量稳定，理化变化容易掌握控制。缺点是萎凋室占地面积大，操作不方便，劳力需求量大，萎凋时间长，特别是阴雨天气生产效率低。

（2）日光萎凋。日光萎凋（见图2—2）是将鲜叶直接薄摊在晒场上，利用阳光进行萎凋的一种方法。其优点是设备简单，不耗燃料，成本低，生产效率较高。缺点是受天气条件限制大，萎凋叶容易产生焦芽、焦边和叶片泛红等弊病。因此，对萎凋时机的掌握尤为重要，在高温低湿季节，中午前后不宜采用日光萎凋。

（3）萎凋槽萎凋。萎凋槽萎凋（见图2—3）是由人工控制的半

图 2—1　萎凋架

图 2—2　日光萎凋

图2—3 萎凋槽萎凋

机械化加温萎凋方式，具有设备造价低廉、操作方便、节省劳力、提高功效、降低成本，且不受气候条件的限制等优点，生产的萎凋叶质量良好，因而萎凋槽萎凋是目前应用较多的一种萎凋方式，已得到普遍推广。

（4）室内加温萎凋。其方法和室内自然萎凋基本一致，只是在遇到特殊情况，如连续阴天、采摘高峰期或小种红茶为完成熏烟专用的焙青时才采用。其主要目的是通过加温设备（如临时火盆、热管道等）提高室内温度以实现鲜叶的加速萎凋。

3. 影响萎凋质量的因素（以萎凋槽萎凋为例）

（1）温度。热是水分蒸发所需的能量，也是生化反应的条件，热空气的温度会直接影响萎凋叶的质量。如果温度过低，就会使生产效率降低。而温度过高，则会导致叶子失水快，引起萎凋不匀，叶缘、叶尖易产生枯焦，叶片提前红变，使红茶品质降低。萎凋结束前 15 min 要停止加温并只吹冷风，其目的一是降低叶温，保持温度一致；二是吹散萎凋过程中因化学变化而产生的气味。

（2）风量。风是热量传导的介质，也是吹散水蒸气的动力。风力过小，生产效率低，起不到应有的作用；风力过大，叶子失水快，容易造成萎凋不匀，还容易吹出风洞。

（3）摊叶厚度。摊叶厚度与萎凋叶质量有一定关系。摊叶过厚，影响热空气的穿透，使上下叶层水分蒸发不匀；摊叶过薄，叶层易被吹出风洞，使整体萎凋不均匀。摊叶量须掌握"嫩叶薄摊，老叶厚摊""雨水叶、露水叶薄摊"的原则。摊叶时要将叶抖散摊平，使叶层厚薄一致，疏松透气，不易形成团块。

（4）翻抖。翻抖是实现均匀萎凋的手段，翻抖时动作要轻，以减少叶子的损伤，要从下到上翻匀翻透。使用萎凋框进行萎凋时，要把槽体两端的萎凋框互换。

（5）萎凋时间。萎凋时间的长短与红茶品质优劣关系极大，萎凋时间过长，茶叶香低味淡，其汤色、叶底黯淡；萎凋时间过短，萎凋程度不匀，会使揉捻、发酵难以掌握，导致茶叶品质变差。

萎凋时间的长短与鲜叶的老嫩、含水量多少、萎凋温度高低、风力强弱及吹风时间长短、摊叶厚薄等因素密切相关。如果温度高、风力大、持续吹风、摊叶薄，萎凋时间就要短些；反之，萎凋所需的时间就会延长。

4. 萎凋程度的判断

萎凋程度的控制关系到萎凋叶质量的好坏及成茶质量的高低。萎凋不足、萎凋过度或萎凋不匀都会给红茶的品质带来不利影响。

（1）萎凋不足。萎凋不足会导致叶内含水量偏高，叶质较硬，揉捻时容易被揉成碎条、断条，使叶细胞破碎不均匀，而且还会造成茶汁的大量流失，给发酵带来困难。此外，萎凋时间不够，叶内的化学成分变化不完全，可溶性物质含量少，使发酵难以进行。干茶表现为香气青涩、滋味淡薄、汤色浑浊、叶底花青。

（2）萎凋过度。萎凋过度会导致叶内含水量减少，叶质干硬，焦边、焦叶情况严重，内含成分变化过度，揉捻时难以揉成紧条，且多碎片、碎末，使发酵难以进行。干茶表现为色深暗、香低味淡、汤色红暗、叶底乌暗。

（3）萎凋不匀。一批鲜叶如果萎凋不匀，会使叶内水分含量、内含物质的变化出现整体不匀，给后续加工带来不利影响，会相继出现揉捻不匀、发酵不匀、干燥不匀等现象。干茶表现为外形条索松紧不匀、多断碎、香气混杂、叶底花杂。

因此，在萎凋过程中要掌握"嫩叶老萎，老叶嫩萎""表面水含量高的适当重萎"的原则。

目前，对萎凋程度的判断和鉴别有三种方法：

一是经验判别。这种方法是借助人的感觉器官，配合一定的经验来鉴定萎凋质量。这一方法具有很强的实用价值，特别适合生产中使用。其操作要领是：

手：握叶柔软、紧握成团、松手不弹散，折嫩梗不断。

耳：搓揉叶片时不会发出鲜叶的"沙沙"声响。

眼：叶面光泽消失，叶色由鲜绿转为暗绿，无枯芽、焦边、泛红叶等现象。

鼻：青臭减退，清香、花香显露。

二是计算减重率。可以通过计算减重率来判断萎凋程度，一般工夫红茶萎凋达到适度时，其减重率为31%~38%。如果采用这一方法，在萎凋前一定要先称取一定量的鲜叶，使其和其他鲜叶在相同条件下进行萎凋，通过观察并称其质量，便可判断出整批叶子是否达到萎凋适度。

三是测定萎凋叶含水率。经验证明，红茶萎凋达到要求时，其含水率一般为60%~64%，含水率一般随品种、季节、气候、鲜叶表面水含量的不同而不同。

二、揉捻

揉捻是红茶初制的第二道工序。工夫红茶要求外形紧结，内质滋味鲜爽醇厚。红茶香气、汤色的形成和发展，都和揉捻有重要关系。因此，要形成工夫红茶良好的外形和内质，掌握好揉捻技术是非常必要的。

1. 揉捻的目的

揉捻的目的，一是揉紧茶条，缩小体积，增加其外形美观度；二是大量破碎叶细胞，使茶汁溢出并附着于叶子表面，以利于外形色泽的形成，同时利于冲泡，增进茶汤浓度；三是通过破碎叶细胞，破坏叶子内部的组织结构，促进多酚类化合物的酶促氧化作用，使发酵顺利进行。

2. 揉捻室的环境要求

相对于其他茶类，工夫红茶的揉捻对揉捻室的环境要求更高。随着揉捻的开始，多酚类化合物的酶促氧化作用就同步开始了，而且随着揉捻程度的加深，其氧化作用也越来越强。因此，揉捻室的环境条件就显得尤为重要。一般要求室温控制在 20~24℃，相对湿度为 85%~90%，室内应避免阳光直射，空气要流通、新鲜。如果室温过高，就会使叶子因氧化、摩擦而发热的起点温度升高，氧化作用就会加剧。生产中常用的降温增湿方法主要有地面洒水、喷雾、挂窗帘、搭荫棚等。另外，揉捻室还要注意清洁卫生，每天揉捻结束后，必须用清水洗刷机器、用具和地面，防止宿叶、叶汁等发生氧化而带来酸、馊、霉等问题。

3. 影响揉捻质量的因素

揉捻质量通常与揉捻机转速、投叶量、揉捻时间、加压方式、解块筛分等因素有关。

（1）揉捻机转速。工夫红茶揉捻机的转速一般为 55~65 r/min。转速过快，芽尖易断碎，揉捻叶在桶内翻转不良，易形成团块、扁条、紧结度差等缺陷；转速过慢，也会使叶子在桶内翻转不良，导致揉捻效率低，叶细胞破碎率低，使茶叶香味低闷，汤色、叶底红暗。

（2）投叶量。投叶量的多少取决于揉桶的大小，具体数量可根据所使用的机型来确定。图 2—4 所示为正常投叶量。

图 2—4　正常投叶量

（3）揉捻时间。揉捻时间依揉桶大小和叶子老嫩不同而定。传统揉捻一般掌握在 90~120 min，大型揉捻机所需时间长些，中小型揉捻机所需时间则短些。

（4）加压方式。压力轻重是影响揉捻质量的主要因素之一。根据叶子在揉桶内运动翻转成条的规律，掌握"轻—重—轻"的加压原则，即揉捻开始时不加压，待芽叶初步成条后再逐步加压卷紧成条，应根据叶子成条情况选择是否加重压；揉捻结束前一段时间进行减压，以解散团块、散发热量、收圆茶条、裹附茶汁。但要注意的是，老叶最后不必轻压，以防茶条回松。

（5）解块筛分。解块的作用是解散团块，散发积热，降低叶温。筛分的目的是分清老嫩，划分等级。如果原料相对均匀，可以只进行解块。

4. 揉捻机操作说明

（1）第一次满载加料

1）使机器停止转动。

2）关闭出茶门。

3）开启桶盖。

4）摇动加压手轮，使桶盖高出揉桶上口。

5）扳动手柄，松开插销，推动弯架至 90°左右（单臂：继续旋转升降手轮，使弯架沿 R 槽旋转 90°）。图 2—5 所示为 6CR30 型揉捻机，图 2—6 所示为揉捻机加压手柄轮。

6）从揉桶顶部加叶至满桶后，将弯架回转恢复至原工作位置，然后销紧（旋转手轮使桶盖旋回揉桶内）。

7）桶盖最高点低于揉桶上口，如图 2—7 所示。

8）开机作业。加压：在揉捻过程中根据工艺要求可摇动弯架杠杆旁（手轮轴座旁）的手轮，通过伞齿轮带动螺杆、螺母，使压盖上升或下降，其压力数值由制茶人员根据制茶工艺要求掌握控制。

单臂加压

揉桶

揉盘

出茶门

桶盖

铭牌

图 2—5　6CR30 型揉捻机

加压
手柄轮

图 2—6　揉捻机加压手柄轮

图 2—7 桶盖回位位置及锁销

（2）出茶

1）揉捻时间根据工艺要求确定。

2）出茶门下面放好出茶时装料用的储叶器。

3）控制好出茶门手把，迅速将门打开，使揉捻叶片落入储叶器中。

4）茶叶出净后，使机器停止转动，清扫后关闭出茶门。

5. 揉捻程度

充分揉捻是发酵的必要条件。如揉捻不足，就会使细胞损伤不充分，导致发酵不良，茶汤滋味淡薄有青气，叶底花青。

三、发酵

红茶发酵的实质是茶坯在酶的催化下，以多酚类的酶促氧化为中心，带动其他物质发生一系列化学变化的过程。发酵是形成红茶特有色、香、味品质的关键工序。

发酵是生命体所进行的化学反应和生理变化，是多种多样的生物化学反应根据生命体本身所具有的遗传信息不断分解合成，以取得能量来维持生命活动的过程。红茶加工中的发酵属于借来名词，与酿酒、制酱的发酵有本质的区别，但其在加工中所发生的变化和发酵有很多相似之处，故仍引用这一名词。

1. 发酵的目的

红茶发酵的目的是人为地创造一定的条件，以提高酶的活性，促进多酚类物质的氧化，从而形成红茶特有的色泽和香味；促进其他化学物质伴随多酚类物质的氧化而发生变化，以提高茶叶的香气；促使多酚类物质发生水解、异构化作用而减少青涩味。

2. 影响发酵质量的因素

（1）发酵室。发酵室大小要适中，室内清洁卫生，无污染、无异味。窗口朝北，离地面 1~1.5 m 高，呈开放状态，以便通风，避免阳光直射。门上挂黑色或深色厚门帘，与室外隔开，以利于室内温度、湿度的保持。室内地面用水泥浇制，四周筑沟，用于冲洗时排水。另外，室内还要装置升温、增湿设备。

室内放置杉木或铁质发酵架（见图 2—8），架上放置用杉木制成的发酵盒或用竹条编织的发酵簸。发酵架和发酵盒均应采用无异味的材料制作。

图 2—8　发酵架

（2）温度。温度对发酵质量的影响很大，它包括室温和叶温两个方面，室温直接影响叶温的起点。在发酵过程中，多酚类物质氧化放热，使叶温升高；当氧化作用减弱时，叶温降低。因此，叶温的变化有一个由低到高再到低的过程。叶温通常比室温高 $2 \sim 6℃$，有时可高出 10℃ 以上。根据多酚类氧化酶活动的适合温度和化学变化，及其对茶叶品质的影响，发酵叶温保持在 30℃ 以下为宜，室温控制在 20~24℃ 为佳。

如果室温或叶温过高，多酚类物质氧化过于剧烈，就会使红茶香低味淡，汤色、叶底发暗。因此，在高温季节，如果室温过高，叶温超过 35℃，就必须采取降温措施，如薄摊叶层、降低室温等。相反，如果温度过低，氧化反应缓慢，内含物质转化不够充分，将会导致发酵时间延长，可采用加厚叶层保温、在室内用无烟木炭生火加温，或向室内通入蒸汽等方法，都可起到既升温又增湿的效果。

（3）湿度。湿度有两方面的含义：一是指发酵叶本身的含水量，二是指空气的相对湿度。决定发酵能否正常进行的，主要是叶子含水量的多少。因为发酵叶含水量的多少，会影响叶汁浓度的大小。叶汁浓度适当，有利于内含物质发生化学反应；叶汁浓度过高或过低，其氧化作用均会受到抑制，从而导致发酵不足或不匀。因此，发酵室的空气相对湿度要始终保持在 95% 以上，同时在生产过程中要随时采用喷雾、洒水等方法来保持空气湿度。空气湿度维持在近饱和状态下，能较好地使发酵叶的含水率保持在 60%~64%，从而保证发酵能正常进行。

（4）供氧。红茶的发酵需要氧气的氧化作用，从揉捻开始到发酵结束，100 kg 茶坯要释放 30 L 的二氧化碳，发酵过程会耗氧 4~5 L。为了使供氧充分、二氧化碳能及时排出，发酵室必须保持空气流通、新鲜。

（5）摊叶厚度。摊叶厚度影响通气和叶温。摊叶过厚，通气不良，叶温升高快；摊叶过薄，叶温难以保持。摊叶的厚薄要以叶质老嫩、气温高低等为依据，一般嫩叶、叶形小的茶应薄摊，老叶、叶形大的茶应厚摊；气温低要厚摊，气温高要薄摊。无论是厚摊还是薄摊，叶层都要厚薄均匀、疏松。

（6）发酵时间。发酵时间依叶质老嫩、揉捻程度、发酵条件的不同而有所变化，一般从揉捻开始计算，需 2.5~4 h。各地应结合当地季节、气候、原料、加工工艺及品质要求等具体加以考虑。

3. 发酵程度

揉捻叶在发酵过程中，随着内含化学成分的变化，其外部表征也会规律性地发生变化。

（1）叶色变化。叶色会发生由青绿、黄绿、黄、黄红、红、紫红到暗红色的变化过程。一般春茶的发酵，以叶色变为黄红色为适度；夏茶以叶色变为红黄色为适度。叶质老嫩不同，其色度的表现也不同，嫩叶色泽红匀，老叶因发酵较困难，往往表现为红里泛青。

发酵不足时，叶色青绿或青黄，发酵过度则叶色红暗。

（2）香气变化。香气会经历由青气、清香、花香、果香、熟香到逐渐低淡的过程。发酵适度的叶子以具有花香至果香为佳。发酵不足时带有青气；发酵过度则香气低闷，甚至出现酸馊味。

（3）叶温变化。发酵叶温度有一个由低到高再到低的变化过程。在发酵过程中，当叶温达到高峰并趋于平衡时，即为发酵适度。测量叶温时最好每隔 30 min 进行一次，并认真记录，以便找到最适合的发酵温度。

叶色、香气、叶温三者的变化具有同一性，均以多酚类物质氧化为基础。发酵适度应综合三者的变化程度而定。

四、干燥

干燥是红茶初制的最后一道工序，也是决定红茶品质的重要环节。

1. 干燥目的

干燥的目的主要有三点：一是利用高温破坏酶的活性，迅速抑制多酚类化合物的酶促氧化；二是蒸发水分，紧缩条索，使毛茶充分干燥，防止非酶促氧化，以利于储运，保持品质；三是散发青臭气，进一步巩固和发展茶叶香气。

2. 干燥技术

工夫红茶的干燥采取烘干方式完成，常用的有烘干机（自动链式烘干机见图 2—9）烘焙和烘笼烘焙两种方式。烘笼烘焙使用竹制烘笼，采用木炭加热或电加热（电烘笼见图 2—10）的方法进行烘焙。烘笼烘焙使用的设备简单，焙茶质量好、香气高，但生产效率低、劳动强度大、成本高，不适合大规模生产。烘干机的型号有很多，但都是利用加热的空气作为介质，通过鼓风机将风送入叶层，使叶内水分受热汽化而蒸发，从而达到干燥的目的。

图 2—9 自动链式烘干机

a)烘笼　　　　　　　　　　　b)加热底座

图 2—10　电烘笼

红茶的干燥一般分两次进行，第一次称为毛火，第二次称为足火，即毛火→摊凉→足火。为了使叶内水分重新均匀分布，以利于均匀干燥，毛火和足火之间要经过一段时间的摊凉。为了迅速破坏酶的活性，抑制多酚类化合物的酶促氧化作用，提高红茶品质，毛火要求"高温、快烘、薄摊"；为了提高茶叶香气，足火要求"低温、慢烘"。

红碎茶干燥需要一次完成。

第 3 单元
红茶初制技术

模块 1　小种红茶初制技术

小种红茶主产于福建省，其条索粗壮、匀整、身骨重、不带毫心，色泽褐红润泽，具有松烟的特殊香气，且香气高爽浓烈，滋味浓醇、活泼甘甜，似桂圆汤味，汤色红明，叶底呈古铜色，叶底大而柔软、肥壮厚实。小种红茶以产于福建省武夷山星村镇的品质为最优，称作"星村小种"或"正山小种"。

一、小种红茶品质特点和小种红碎茶花色

1. 小种红茶品质特点

（1）基本要求。小种红茶应具有正常商品的色、香、味，不得含有非茶类物质和任何添加剂，无异味、无异臭、无劣变。

（2）感官品质

1）外形。条索紧细、匀整的质量好；条索粗松、匀整度差的质量次。

2）色泽。色泽乌润、富有光泽的质量好；色泽不一致、有灰色枯暗的茶叶的质量次。

3）香气。具有松烟特殊香气的质量好；香气不纯、带有青草气味的质量次；香气低闷的质量劣。

4）汤色。汤色红明的质量好，汤色欠明的质量次，汤色深浊的质量劣。

5）滋味。滋味醇和的质量好，滋味苦涩的质量次，滋味粗淡的质量劣。

6）叶底。叶底呈古铜色、匀整的质量好；叶底花青的质量次；叶底深暗多乌条的质量劣。

2. 小种红碎茶花色

小叶种除了可制成条形茶外，还可制成红碎茶，小种红碎茶主要有以下花色品种。

（1）叶茶。叶茶是传统红碎茶的一种花色，其条索紧结匀齐，色泽乌润，内质香气芬芳，汤色红亮，滋味醇厚，叶底红亮多嫩茎。

（2）碎茶。其外形颗粒重实匀齐，色泽乌润或泛棕，内质香气馥郁，汤色红艳，滋味浓强鲜爽，叶底红匀。

（3）片茶。其外形全部为木耳形的屑片或皱折角片，色泽乌褐，内质香气尚纯，汤色尚红，滋味尚浓略涩，叶底红匀。

（4）末茶。其外形全部为沙粒状，色泽乌黑或灰褐，内质汤色深暗，香低味粗涩，叶底暗红。

二、小种红茶加工方法

小种红茶加工方法独特，以正山小种为例，其初制工艺流程：鲜叶→萎凋→揉捻→发酵→过红锅→复揉→熏焙→复火。

1. 小种红茶鲜叶要求

小种红茶以中小叶种茶树鲜叶为原料，由于其产地为高山茶区，气候寒冷，茶树发芽迟，生长季节短，一般采摘期在4月中旬至6月下旬，4月18日—5月30日采春茶，6月下旬采夏茶，一般不采秋茶。茶树鲜叶持嫩性好，采摘时间相差20多天也不易老。大多数茶园只采春茶，只有桐木村居民点采少量的夏茶。而春茶占全年总产量的85%~95%。

鲜叶标准为一芽二叶、一芽三叶（见彩图5）或小开面三、四叶，一般多采用小开面三、四叶，这种叶不带毫心，嫩梢比较成熟，糖类含量较高，多酚类化合物含量较少，有利于茶汤滋味的形成。

每批采下的鲜叶要求嫩度、匀度、净度、新鲜度基本一致。

鲜叶采摘时要尽量选用外壁较硬且具有一定通透性的笋筐盛装，以防鲜叶受到机械损伤或因装放过多温度升高而使鲜叶红变。

> **小知识**
>
> 新梢生长过程中，出现驻芽的鲜叶叫作"开面叶"，其中第一叶为第二叶面积的一半，称为"小开面"；第一叶长成第二叶的三分之二时，称为"中开面"；第一叶长到与第二叶大小相当时，称为"大开面"。

2. 萎凋

小种红茶萎凋的方法主要有三种，即日光萎凋、室内加温萎凋和萎凋槽萎凋。

（1）日光萎凋。日光萎凋应掌握"弱光萎凋、摊叶均匀、嫩叶老萎、老叶嫩萎"的原则。

1）环境要求。日光萎凋要在晴天进行，可在茶场周围搭建晒青架，晒青架的大小依场地和需要而定，一般高 70~80 cm，宽 2 m，长度则依场地而定，晒青架中间用横木支撑，上面铺篾席或竹席，以便摊放鲜叶晾晒；也可在地上铺篾席或竹席，把鲜叶直接撒在上面进行晾晒萎凋。日光萎凋要求周围环境清洁卫生、无扬尘、上下空气流通，从而便于萎凋的进行，达到萎凋均匀的目的。

2）摊叶厚度要求。日光萎凋时要把鲜叶均匀抖散铺放于晒青架的篾席或竹席上，摊叶厚度为 3~5 cm，可依阳光强弱灵活掌握，即阳光强则厚摊，阳光弱则薄摊。在萎凋过程中每隔 20 ~ 30 min 翻动一次，翻叶时注意动作要轻，以免造成机械损伤，进而引起红变。

3）日光强度要求。掌握"弱光萎凋"的原则，一般选择在下午 3 点以后进行，应避免阳光最强时进行日光萎凋，以便控制和提高萎凋质量。

4）萎凋时间要求。萎凋时间应根据阳光强弱、鲜叶老嫩程度、鲜叶含水量多少而定。阳光强，萎凋时间短；阳光弱，萎凋时间长。鲜叶嫩度高，萎凋时间长；鲜叶嫩度低，萎凋时间短。鲜叶含水量多，萎凋时间长；鲜叶含水量少，萎凋时间短。在阳光较强的条件下，30 ~ 40 min 即可完成萎凋；一般情况需要 1 ~ 2 h；在阳光较弱的条件下，则需要 3 h 以上。

肥嫩或老嫩不匀的鲜叶在强光条件下难以萎凋均匀，可采用日光萎凋和室内自然萎凋相结合的方法促进萎凋均匀。

（2）室内加温萎凋。小种红茶产区春茶期间多阴雨天，晴天少，因此，应以室内加温萎凋为主、日光萎凋为辅。

室内加温萎凋俗称"焙青"，在青楼内进行。青楼分上、下两层，不设楼板，中间用横档（木条）隔开，横档每隔 3 ~ 4 cm 放置一条，上面铺放青席或篾席，供摊放鲜叶用，横档下 30 cm 处设置焙架，用于熏焙干燥时放置水筛。

加温萎凋时室内门窗应关闭，在楼下地面上直接燃烧松柴，提高室内温度并产生烟粒，使鲜叶散失部分水分，同时，使鲜叶吸收烟味提高品质。火堆采用 T 字形、川字形或二字形排列，每隔 1~1.5 m 一堆，将单块松柴片平放或将两块松柴架高，点燃后使其慢慢燃烧，温度均匀上升。待室内温度达到 28~30℃ 时，再把鲜叶均匀抖散撒于青席或篾席上，鲜叶摊放厚度为 3 cm 左右。萎凋过程中，每隔 10~20 min 翻叶一次，以使萎凋均匀。翻叶时注意动作要轻，以免碰伤叶片，雨水叶要抖散薄摊，严格控制室温，防止因温度过高而烫伤叶片。萎凋时间为 1.5~2 h。

室内加温萎凋的优点是不受气候的影响，萎凋时鲜叶能直接吸收烟味，使毛茶烟量充足，滋味鲜爽活泼。缺点是焙青间烟雾弥漫，影响加工人员的身体健康，且劳动强度大，操作不方便。

为避免发生火灾，可采用坑式加温萎凋，即在焙青间室外地势较低处，建一台简易炉灶用于燃烧松柴，利用自然通风，通过坑道把热空气和烟输送到室内。这样，室外一处烧火，室内多处冒烟，同时提高室内温度，达到萎凋要求。这一方法的优点是简单易操作，节省劳力，生产安全。

（3）萎凋槽萎凋。由于室内加温萎凋对加工人员的身体健康有影响，且操作不方便，现在一般都采用萎凋槽进行萎凋，萎凋时燃烧炉灶内的松柴，用鼓风机将炉内带有烟粒的热空气直接送进槽内进行萎凋。萎凋槽由风道、萎凋槽体、鼓风机、加热炉灶等设备构成。

萎凋适度。萎凋是否适度的感官判断：用手压叶片或叶梗时不会使其折断，叶质柔软，手捏成团，松手不易弹散，且叶面失去光泽，叶脉透明，青草气大部分消失并略带清香，此时视为萎凋适度。若萎凋不足，鲜叶经揉捻后必然产生较多碎片；若萎凋过度，则芽叶干枯，汤色红暗。此外，武夷茶鲜叶在经历了日光萎凋或室内加温萎凋后，都要进行一道晾青的工序以散去热气，使芽叶的含水量逐渐趋于平衡，从而有利于下一道揉捻工序的进行。

3. 揉捻

揉捻是小种红茶加工的第二道工序，也是塑造外形和形成内质的重要工序。

揉捻的原则是"嫩叶短时，轻压，冷揉；老叶长时，重压，热揉"。

揉捻的方法主要有人工揉捻和揉捻机揉捻两种。

（1）人工揉捻。每次揉捻萎凋叶 1 kg 左右，将萎凋叶放于水筛或簸箕中，用团揉和推揉的方法进行揉捻。先将萎凋叶拢于双手之间，按顺时针方向进行团揉，开始时用力要轻，双手推动叶子旋转，当叶子变软时,可适当加大力度揉捻,逐渐把叶子揉紧。当茶汁外溢时,抖散茶团,反复进行 2~3 次,至芽叶紧卷成条,茶汁黏腻,稍带香味即可。手工揉捻时间一般为 40~60 min。

(2)揉捻机揉捻。小种红茶可选用中小型揉捻机进行揉捻,一般用 50 型或 55 型揉捻机。

影响揉捻机揉捻的因素主要有投叶量、揉捻时间和次数、揉捻机转速、加压方式、解块筛分,以及揉捻室的温度、湿度等。

1)投叶量。由于揉捻机型号不同,叶子老嫩不同,投叶数量多少不一。按揉捻机的揉桶直径大小计算,揉桶直径为 920 mm 的,每次投萎凋叶 140~160 kg;揉桶直径为 550 mm 的,每次投萎凋叶 30~35 kg;揉桶直径为 400 mm 的,每次投萎凋叶 7~8 kg。投叶量过多或过少都会影响揉捻的质量,应掌握"嫩叶多投,老叶少投"的原则(揉捻机开启后,如机内叶量不足,可在揉捻机不停止转动的状态下,通过揉盘少量投叶)。

2)揉捻时间和次数。小种红茶的揉捻时间一般为 90 min,分两次揉捻,第一次揉捻 45 min,下机进行解块筛分,再进行第二次揉捻。

揉捻时间的长短受揉捻机性能、投叶量多少、叶质老嫩、萎凋质量、气温高低等条件影响。揉捻过程中,在保证质量的前提下可灵活掌握时间长短。

3）揉捻机转速。揉捻机的转速以 55~60 r/min 为宜，过快或过慢都会影响揉捻质量。

4）加压方式。压力轻重是影响揉捻质量的主要因素之一，在揉捻过程中，根据叶子成条的规律，一般掌握"轻—重—轻"的加压原则。揉捻开始时不加压（空压），当揉捻叶基本成条时再逐渐加压，以收紧茶条和使茶条细胞破碎，加压和减压需交替进行。加压应根据揉捻叶的质量灵活掌握，即嫩叶轻压，老叶重压；轻萎凋叶轻压，重萎凋叶重压。

小种红茶的加压方式为：第一次揉捻，空压 3~5 min，轻压 5 min，空压 1 min，重压 10 min，空压 1 min，轻压 5 min，空压 1 min，重压 10 min，揉捻适当的茶条卷缩紧结并能揉出茶汁，松压后下机解块散热；第二次揉捻可根据第一次揉捻的加压方式适当加减压力，直至茶条紧缩。

5）解块筛分。其目的在于解散团块，散发热量，初步分级，使老嫩叶都能得到充分揉捻，有利于后期发酵均匀。如使用中小型揉捻机，由于其投叶量少、散热快，叶温升高不显著，一般只解块不筛分。

6）揉捻室的温度、湿度。揉捻室的温度控制在 20~24℃，相对湿度为 85%~90%，在气温高、湿度小时要采取增湿降温措施，可在室内洒水或喷雾。

揉捻结束下机前一段时间应减压，使茶条收圆，茶汁回收，但老叶不必轻压，以免造成茶条回松。

充分揉捻是发酵正常进行的必要条件，如揉捻不足，细胞破碎不充分，会使茶叶发酵不良，茶汤滋味淡薄有青气，叶底花青。揉捻是否适度的感官判断：茶条紧缩，手捏茶坯有茶汁流出指间，捏成团不易松散，青草味有所散失，叶面破碎率在80%以上，此时视为揉捻适度。解块筛分后可进行下一道发酵工序。

小种红茶加工揉捻完成后，应对揉捻机的揉桶、揉盘进行清洗，以免在揉捻机中留有宿叶，从而影响下一批茶的品质。

4. 发酵

发酵是形成小种红茶色、香、味品质特征的关键工序，俗称"发红""沤红"。

（1）发酵的技术条件

1）温度。发酵时的温度包括室温和叶温两个方面，室温的高低直接影响叶温。在发酵过程中，叶温会随着叶内物质的氧化而逐渐升高，一般会比气温高2~6℃，发酵时室温要求为24~25℃，叶温保持在30℃为宜。叶温过高，氧化强烈，使成茶香低味淡，色暗；叶温过低，则氧化缓慢，导致发酵难以进行。

2）湿度。决定发酵能否正常进行的主要因素是叶子的含水率，叶子的含水率要求在 60% 左右。保持一定的空气含水量可以维持叶内水分，不会使其蒸发过快而导致叶面干硬，或失水过多影响发酵的正常进行。发酵室内的空气湿度要求在 95% 以上，干旱季节可采用洒水、喷雾或水帘等方法增加空气湿度。

3）通气（供氧）。红茶在发酵过程中需要氧的参与，如供氧不足则发酵难以进行，因此，发酵过程中必须保持新鲜空气的流通，可用导气管或在茶堆中开通风沟等方法保持通气供氧。

4）时间。发酵时间长短因揉捻程度、叶质老嫩、发酵条件等不同而异，小种红茶发酵时间一般为 6 h。

5）摊叶厚度。小种红茶发酵时，堆厚宜控制在 30~40 cm。

小种红茶的发酵技术：将揉捻叶装入发酵专用竹筐或发酵盒中，摊叶厚度为 30~40 cm，中间插一根有通孔的竹管，或者在发酵堆中挖一小洞或沟以利通气供氧，上盖湿布以保持发酵叶的湿度。由于采摘春茶时气温较低，发酵时应将发酵筐或发酵盒摆放于加温萎凋室内，保持室温在 24~25℃，发酵时间为 5~6 h，中间翻堆 1~2 次，以利发酵均匀。也可将揉捻叶摊于竹席或篾席上，上盖湿布，堆中插一根有通孔的竹管，或者在发酵堆中挖一小洞或沟进行发酵，整个过程也要翻动 1~2 次，以使发酵均匀。

（2）发酵程度。发酵是否适度的感官判断：根据发酵叶颜色及香气的变化综合判断发酵程度，当青气消失、出现清新鲜浓的花果香、叶色红里泛青时即视为发酵适度。因发酵叶还要进行烘焙，在烘焙过程中会进一步发酵，所以，发酵程度应掌握"宁轻勿过"的原则。

5. 过红锅

过红锅是小种红茶加工过程中一项特殊而重要的措施，其目的是利用高温破坏多酚氧化酶的活性，使其停止进一步发酵，并利用高温挥发青草气，增进茶香，同时保持一部分可溶性多酚类化合物不被氧化，使茶汤鲜爽，滋味甜醇，叶底红亮开展。

（1）过红锅的工具。工具包括炒锅、木叉刀、小竹扫或小棕扫、水筛或簸箕。

（2）过红锅的方法。可使用铁锅或电炒锅，将锅放置成 30° 倾斜角，其目的是方便炒后出锅。将锅加热至 200℃（白天锅底呈灰白色，晚上锅底呈殷红色）后即可投叶，每次投入发酵叶 1~1.5 kg，用双手迅速翻抖炒制，炒制时若感觉烫手，可用木叉刀进行翻抖炒制，翻抖过程中要翻得起、抖得散、捞得尽，锅内尽量不留余叶，以使发酵叶均匀受热。过红锅炒制时间为 1~2 min，当发酵叶烫手、青气散失、香气显露时即可出锅，出锅时可用小竹扫或小棕扫一次扫尽，以免少数发酵叶留在锅中，导致其失水过多或焦煳。

过红锅的技术性较强，时间过长则水分损失多，容易产生焦叶，复揉容易断碎，条索松散；时间过短则达不到提高香气、增进甜绵滋味的目的。每炒 5~6 锅要进行磨锅，清除锅内茶汁所结成的"茶锅巴"，避免其烧焦产生烟焦味。过红锅的茶叶色泽稍欠乌润，条索有所散松；内质纯香显露，滋味甜绵；焦糖香醇厚，汤色清澈明亮。

6. 复揉

过红锅后的茶叶，茶条回松，为使茶条紧结，下锅后的茶叶需趁热揉捻。将过红锅后的叶子置于揉捻机中揉捻 8~10 min，采取轻压 2 min、重压 6 min、轻压 2 min 的加压方式，使茶条卷紧，揉出茶汁，以增进茶汤浓度。复揉下机后解块并及时进行干燥，若放置时间过久，会使发酵过度，影响茶叶品质。

7. 熏焙

熏焙对形成小种红茶的品质特征十分重要，它既可使湿坯干燥至适度，又可在干燥过程中吸收大量松烟香味，使毛茶具有浓厚而纯正的松烟香气和类似桂圆汤的甜爽、活泼滋味。

熏焙的方法：传统的熏焙方法与加温萎凋方法相似，都是将复揉叶薄摊于水筛上，每筛摊叶 2~2.5 kg，再将水筛置于青楼的焙架上，水筛间隔 10 cm，以互不重叠为宜，呈鱼鳞状排列。地面燃烧松柏树枝加热和熏焙，开始火力要大，保持熏焙间的温度在 80℃左右。

在烘焙过程中要轻翻筛中的茶叶 1~2 次，使其干燥均匀，烘至七八成干时，即用手摸茶叶有刺手感觉，捏叶片成粉，但梗和脉尚有少许水分，此时视为初烘适度，历时 2 h 左右。然后将火苗压小，温度降至 30~40℃，再加松柏柴闷燃产生更多烟雾，使茶坯大量吸收松烟味。熏焙时不要翻拌，一次熏焙使其达到足干，以免茶条松散，这一过程一般需要 8~12 h。

传统的熏焙方法劳动强度大，生产不安全，现改用烟道进行熏焙。方法是在青楼外地势较低处挖设灶膛，灶口迎风，呈拱形，灶膛内宽 2 m，在距灶口 70 cm 处开始向上逐渐倾斜，直到烟道口，烟道口设在熏焙间并分出两条烟道。烟道前段深 30 cm，尾部深 15 cm，使焙青间的温度前后保持一致。烟道用砖砌成，上面用活动的砖盖上，可根据烟量和温度高低，灵活掌握砖块的开启程度以调节温度。熏焙时熏焙间的门窗应密闭，熏焙过程中不进行翻拌，每批熏焙 12 h 以上，即成毛茶。

烟道熏焙方法操作方便，熏焙间内温度均匀，不易发生火灾隐患，生产效率高，节省劳力。

8. 复火

复火需在熏焙间进行，复火前先簸弃黄片、茶末，拣剔出粗梗、朴片，使毛茶外形匀整后再进行复火。

　　高级茶与低级茶需要分别进行复火，复火是将毛茶在熏焙间内堆成大堆，低温长熏，毛茶在干燥的同时可吸足烟量，使含水率不超过 8%，以提高毛茶的品质。

模块 2　工夫红茶初制技术

一、工夫红茶品质特点

1. 基本要求

工夫红茶应具有正常商品的色、香、味，不得含有非茶类物质和任何添加剂，无异味、无异臭、无劣变。

2. 感官品质

"红汤红叶"是工夫红茶的基本品质特点，具体包括：条索紧细匀直，色泽乌润调匀，毫尖金黄，香气高锐持久，滋味醇厚鲜爽，汤色红艳明亮，叶底红匀明亮。其感官品质随产地、品种、加工风格而异，不同产品又表现出自己独有的特色。

（1）祁红工夫。祁红工夫具有特殊的"甜花香"，俗称蜜糖香，属于高香茶。

（2）湘红工夫。湘红工夫以安化工夫为代表，条索紧结尚肥实，香气高；滋味醇厚爽口，香气高长，带自然花香；叶底红稍暗，汤色红浓尚亮。干茶乌润，形状紧细或紧结尚肥实，锋苗显露。

（3）闽红工夫。闽红工夫是政和工夫、坦洋工夫和白琳工夫的统称，均为福建特产。三种工夫茶产地不同，品种不同，品质风格不同。

1）政和工夫。政和工夫的品质特点是条索肥壮，金黄色毫尖多，色泽乌褐油润，内质香气高而浓烈，带甜香，汤色红艳，金圈醒目，滋味醇厚甘甜，叶底鲜嫩匀整，呈红铜色。

2）坦洋工夫。坦洋工夫的品质特点是条索紧结整齐，叶色润泽，毫尖金黄，香气高锐持久，内质清鲜甜和，甘爽醇厚，汤色鲜艳呈深金黄色，叶底红匀光润，滋味醇厚，略带桂圆香气。

3）白琳工夫。白琳工夫的主产地为福建省福鼎市白琳镇，其品质特点是条索细长，稍带弯曲，色泽黄黑，带金黄色白毫，香气显露，具甘草香，汤色浅黄红亮，滋味清鲜醇和，叶底鲜红带黄，又名橘红，意为橘子般红艳的工夫红茶。

（4）宁红工夫。宁红工夫的品质特点是条索紧结秀丽，金毫显露，锋苗挺拔，色泽乌润，香味持久，叶底红亮，滋味浓醇。

（5）川红工夫。川红工夫的品质特点是条索肥壮圆紧，显金毫，色泽乌黑油润，内质香气清鲜带橘糖香，滋味醇厚鲜爽，汤色浓亮，叶底厚软红匀。

（6）越红工夫。越红工夫的品质特点是条索紧细挺直，色泽乌润，外形优美，内质香味纯正，汤色红亮较浅，叶底稍暗。

（7）浮梁工夫。浮梁工夫的品质特点是条索紧细，显毫有锋苗，色泽乌润，香气鲜甜如蜜糖，苹果滋味鲜醇，汤色红艳明亮。

（8）滇红工夫。滇红工夫的品质特点是外形紧结肥硕，干茶色泽乌褐油润，显金毫，香气鲜浓带蜜糖香，汤色红艳明亮，滋味浓厚，叶底红匀明亮。

二、工夫红茶初制工艺

工夫红茶初制工艺流程（以滇红工夫为例）：鲜叶→萎凋→揉捻→发酵→干燥。

1. 工夫红茶鲜叶要求

工夫红茶一般以一芽二叶、一芽三叶为主体的鲜叶为原料。芽叶要匀齐、新鲜，叶色黄绿，叶质柔软，多酚类化合物和水浸出物的含量也要较高。鲜叶进厂时应分级验收、分级管理、分级付制。各厂家对原料有不同的具体要求（见表 3—1、表 3—2 及彩图 6）。

表 3—1 名优茶鲜叶分级标准参考表

等级	标准要求
一级	芽长于叶，芽长不超过 3 cm，一芽一叶占 95%以上，一芽二叶占 5%以下，无对夹叶
二级	芽叶等长，芽长不超过 3.5 cm，一芽一叶占 60%以上，一芽二叶占 35%以下，同等嫩度对夹叶占 5%以下
三级	一芽二叶占 70%以上，一芽三叶占 20%以上，同等嫩度对夹叶占 10%以下

表 3—2 大叶种鲜叶分级标准参考表

等级	各种芽叶所占比例
一级	一芽二叶占 50%，一芽三叶初展占 30%，同等嫩度对夹叶（含单片）占 20%
二级	一芽二叶占 20%，一芽三叶初展占 50%，同等嫩度对夹叶（含单片）占 30%
三级	一芽三叶初展占 15%，较老的一芽二叶、一芽三叶占 40%，同等嫩度对夹叶（含单片）占 45%
等外	当轮发出的芽叶不分老嫩全部包括在内

2. 萎凋

萎凋是鲜叶加工的基础工序，是鲜叶在一定条件下逐步均匀失水，发生一系列物理、化学变化的过程。

（1）萎凋方法。工夫红茶初制萎凋方法主要有室内自然萎凋、日光萎凋、萎凋槽萎凋等。

1）室内自然萎凋（见图 3—1）。室内自然萎凋是指将鲜叶薄摊在室内场地或架子上，利用自然气候条件进行萎凋的方法。云南夏茶季节要特别注意茶叶失水过慢所造成的生产效率降低的现象。

图 3—1　室内自然萎凋

室内自然萎凋要求室内空气流通性好，无阳光直射，室温应保持在 20~24℃，空气相对湿度控制在 60%~70%，室内可设置萎凋架以减少占地，架上可放置竹帘或竹床，萎凋时摊叶量掌握在 0.5~0.75 kg/m²。萎凋过程中应根据自然风力的大小和空气相对湿度的高低，用开启门窗的方法来调节温度和湿度。雨天或气温过低时，可采用室内加温的方法进行萎凋。

2）日光萎凋（见图 3—2）。日光萎凋是指将鲜叶直接薄摊在晒场上，利用阳光进行萎凋的方法。萎凋时间一般掌握在晴天 10 点以前和 15 点以后，在高温低湿季节，中午前后不能采用日光萎凋。

图 3—2　日光萎凋

日光萎凋的操作方法：在室外选择清洁干燥、避风向阳的空旷地，要求地面平整，上铺晒席、摊布等，萎凋时将鲜叶均匀薄摊在晒席上，摊叶量约为 0.5 kg/m^2，以叶片基本不重叠为适度。萎凋时间可根据季节、气候条件而定，以达到萎凋适度为准。萎凋过程中要随时根据萎凋叶状况、摊叶厚度进行翻叶，萎凋达到适度时必须将其移放到室内或阴凉处摊凉，之后才能进行揉捻。

3) 萎凋槽萎凋（见图3—3）。萎凋槽包括热气发生炉、鼓风机、风道、槽体、盛叶框等。其原理是用鼓风机送入热空气，使其穿透叶层，供给叶子蒸发水分所需的热量，并及时吹散叶子表面水汽，造成水分蒸汽压差，从而促进水分蒸发；同时利用空气带走叶子因呼吸产生的二氧化碳和低沸点芳香类物质。

图3—3 萎凋槽萎凋

（2）影响萎凋质量的因素（以萎凋槽萎凋为例）

1) 温度。萎凋槽进风口热空气温度一般控制在35℃左右，最高不超过38℃，要求槽体两端温度尽可能保持一致。雨水叶或露水叶上槽后应先吹冷风，待其表面水被吹散后，再采用间隙式吹风方式吹热风。萎凋开始后和萎凋结束前15 min要吹冷风，一是降低叶温，保持温度一致；二是吹散萎凋过程中因化学变化所产生的气味。云南春茶季节进行萎凋时，要少吹热风，以防萎凋过度。

2）风量。一般萎凋槽长 10 m、宽 1.5 m、高 0.2 m，有效摊叶面积 15 m²，可采用 7 号轴流式风机，其功率为 2.8 kW，转速为 1 440 r/min，风量为 16 000~20 000 m³/h，风压为 33.33~40.00 kPa，基本能满足萎凋要求。风量大小宜采用间隙式吹风方式进行调整。

吹风时一定要注意以下几方面：

①萎凋时有两个时段只能吹冷风，即叶子上槽后 30 min 内和叶子下槽前 15 min。

②萎凋全程不能持续吹热风，要采取间隙式吹风方式吹热风。

③含表面水的叶子，只能先吹冷风。

3）摊叶厚度。摊叶量依鲜叶老嫩、表面水含量不同而有所差异。一般每槽按 15 m² 计算，摊叶量应为 240~260 kg；同时掌握"嫩叶薄摊，老叶厚摊""雨水叶、露水叶薄摊"的原则。一般大叶种摊叶厚度掌握在 18 cm，摊叶时要抖散摊平，使叶层厚薄一致，疏松透气，不能成团块状。如摊叶过薄，叶层易被吹出风洞，一是造成风洞周围的叶子大量失水而导致枯焦；二是可使槽内其他位置的风压降低，导致整体萎凋不均匀（见图 3—4）。

图 3—4 风洞

4）翻抖。翻抖时动作要轻，以减少叶子的损伤，翻抖时要从下到上翻匀翻透，以免出现外松内实的现象；翻叶时要轻拿、抖松，最好是两人面对面地进行操作，否则会造成漏翻。使用萎凋框进行萎凋时，要把槽体两端的萎凋框互换。云南大叶种红茶叶质柔软，翻叶不宜过勤，一般应掌握萎凋全程翻叶 1～2 次为宜。

5）萎凋时间。进风口温度如控制在35℃左右，萎凋全程可在 4～6 h 完成。云南春茶季节，由于温度高、湿度低，萎凋时间会短些；夏秋茶季节，萎凋时间会长些。

（3）萎凋程度的判断。对萎凋程度的掌握尤为重要，通常以经验判别法为主。一般生产中要遵循"嫩叶老萎，老叶嫩萎""表面

图 3—5　萎凋适度

水含量高的适当重萎"的原则。萎凋适度如图 3—5 所示。云南春茶季节，在掌握萎凋程度的同时还要注意，萎凋宁可偏轻也不可偏重；夏茶季节，萎凋宁可偏重也不可偏轻。

判断萎凋程度还有两种测量计算方法，一是计算减重率，二是测定萎凋叶含水率。

1）计算减重率。一般工夫红茶萎凋达到适度时减重率为 31%～38%，因此可通过计算减重率来判断萎凋程度。如果采用这一方法，萎凋前一定要先称取一定量的鲜叶，使其和其他鲜叶在相同的条件下进行萎凋，到时间后再次称其质量，便可判断出整批叶子是否达到萎凋适度。此法的原理是：假定在萎凋过程中导致茶叶失重的主要因素是水分，干物质并不减少，则有等式：

$$A-A\times B=(C-C\times D)\div(1-E)$$

式中，A 代表供测试用的鲜叶质量，B 代表鲜叶含水率，C 代表测试萎凋叶质量，D 代表萎凋叶含水率，E 代表干物质损耗率。

例如，一批鲜叶的质量为 100 kg，含水率为 75%，要求萎凋达到适度时的含水率为 64%，萎凋过程中干物质损耗率为 1%。问：萎凋叶的质量为多少时，能达到萎凋适度？

$$100-100\times75\%=(C-C\times64\%)\div(1-1\%)$$

$$C=68.75\ (\mathrm{kg})$$

也就是说，100 kg 测试叶的质量减少到 68.75 kg 时的减重率为 $(100-68.75)\div100\times100\%=31.25\%$，此时鲜叶萎凋达到要求。

生产中，可以直接把测试叶称重后的质量代入减重率的计算公式，即可得出减重率。即：

$$减重率=(A-B)\div A\times100\%$$

式中，A 代表测试前的鲜叶质量，B 代表萎凋叶质量。

2）测定萎凋叶含水率。经验证明，工夫红茶萎凋质量达到要求时的含水率一般为 60%~64%，含水率的掌握会随季节、气候条件、鲜叶表面水含量的不同而有所变化。由于含水率的测定需要一定时间才能完成，所以生产中此法不适用。

需要说明的是，计算减重率和测定含水率，只能表明整批鲜叶的含水率或减重情况，不能反映整批鲜叶含水率变化的均匀性。因此，使用这两种方法判别萎凋质量时，一定要和经验判别法一起使用，才能保证判别的准确性。

3. 揉捻

揉捻是红茶初制的第二道工序。工夫红茶要求外形紧结，内质滋味鲜爽醇厚。而红茶外形及其香气、汤色的形成和发展，都和揉捻有重要关系。

（1）揉捻室的环境。揉捻室一般要求室温控制在 20~24℃，相对湿度为85%~90%，室内应避免阳光直射，空气要流通、新鲜。如果室温过高，会使叶子因氧化、摩擦而发热的起点温度升高，氧化作用加剧。云南春茶季节属于高温低湿气候，因此要特别采取降温增湿措施，生产中常用的降温增湿方法主要有地面洒水、喷雾、挂窗帘、搭荫棚等。另外，揉捻室还要保持清洁卫生，每天揉捻结束后，必须用清水洗刷机器、用具和地面，防止宿叶、叶汁等发生氧化而带来酸、馊、霉等问题。

（2）揉捻机械。目前，生产中常用的揉捻机有大型、中型、小型、微型等不同型号，不同型号揉捻机的主要技术参数见表3—3。

表 3—3　　　　不同型号揉捻机的主要技术参数

型号	6CR-25	6CR-35	6CR-45	6CR-55	6CR-55	6CR-65	6CR-75
加压方式	单臂加压				双臂加压		
揉桶直径（mm）	250	350	450	550	550	650	750
揉桶高度（mm）	180	250	320	400	400	450	540
配用功率（kW）	0.37	0.75	1.1	2.2	2.2	3	5.5
回旋速度（r/min）	50±2	48±2		46±2		44±2	30±2
台时产量（kg/h）	≥9	≥15	≥30	≥65		≥100	≥150
茶叶成条率（%）	≥85			≥83			
备注	由于制茶工艺和台时产量不同，上述指标仅作参考						

（3）影响揉捻质量的因素

1）揉捻机转速。对于工夫红茶来说，揉捻机转速一般掌握在 55~65 r/min，可选择揉捻机的转速为中、高档。

2）投叶量。投叶量多少取决于揉桶的大小，具体数量可根据所使用的机型确定，投叶时一般先投入揉桶容量的 2/3，余下的叶子在开机后 2~3 min 内再从揉盘上投完。

3）揉捻时间。揉捻时间依揉桶大小和叶子老嫩不同而有所变化。传统揉捻一般掌握在 90~120 min，大型揉捻机所需时间长些，中小型揉捻机所需时间短些，所需时间常根据原料情况（均匀度、老嫩度）而有所变化。

4）揉捻方法。传统工夫红茶采用的揉捻方法是二筛三揉法（见图3—6），采用传统揉捻机和解块筛分机来完成。

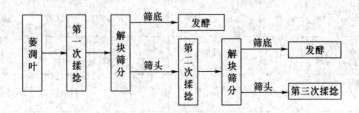

图3—6　传统工夫红茶揉捻方法

经过第三次揉捻的茶坯，就可以进行发酵或直接干燥。

目前，企业大多加强了对鲜叶采摘的管理，鲜叶采摘的标准有所提高，所采鲜叶的匀整度也大幅提高，二筛三揉法已基本不使用，常见的有一筛一揉、一筛二揉或一揉一解块等方法。

5）加压方式。压力轻重程度可视原料老嫩和萎凋程度灵活掌握，一般采取"嫩叶轻压，老叶重压"的方法。这是因为嫩叶所含纤维数量较少，叶质柔软，可塑性大，容易揉捻成紧结条索。当萎凋程度不同时，一般采取"轻萎凋叶轻压"的方法。这是因为轻萎凋叶含水率较高，叶质较脆，所以只需轻压揉捻便能减少茶条断碎和茶汁流失。

6）解块筛分。在揉捻过程中，茶条由于受到机械作用力、多酚类物质氧化，会产生大量的热，使叶温升高，特别是夏秋季节气温高，致使叶温更高，因而必须及时散热降温，控制多酚类物质的氧化速度。同时，揉捻过程中的挤压作用会导致茶汁黏结，要及时解散茶叶形成的团块，以利于条索紧结匀直。对于老嫩混杂的叶子，可通过解块筛分，将老嫩叶分开。嫩叶叶质柔软，容易揉成紧结条索，而老叶难以成条。所以，在揉捻过程中应采用"分次揉捻、解块筛分"的方法，分出细嫩茶号，再对较老的茶进行加压复揉。

（4）揉捻适度。揉捻适度的指标是：细胞破碎率在 80% 以上，茶坯成条率高于 90%，且条索紧卷，茶汁充分外溢并黏附于茶条表面，用手握紧时，茶汁能从指缝挤出，但不滴流（见图 3—7）。揉捻后的条索如彩图 7 所示。

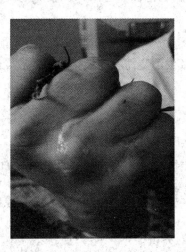

图 3—7　揉捻适度

4. 发酵

(1) 影响发酵质量的因素

1) 发酵室。发酵室大小要适中,室内清洁卫生,无污染、无异味。窗口朝北,离地面 1~1.5 m 高,呈开放状态,便于通风,避免阳光直射。门上挂黑色或深色厚门帘,与室外隔开,以利保持室内温度、湿度。室内地面用水泥浇制,四周筑沟,用于冲洗时排水。另外,室内还要装置升温、增湿设备。

2) 温度。发酵叶温保持在 30℃以下为宜,室温控制在 20~24℃为佳。

3) 湿度。在生产中要随时采用喷雾、洒水等方法来保持空气湿度。空气湿度维持在近饱和状态下,能较好地使发酵叶的含水率保持在 60%~64%,从而保证发酵能正常进行。

4) 供氧。红茶发酵是需氧的氧化作用,故发酵室必须保持空气流通、新鲜。

5) 摊叶厚度。摊叶厚度遵循"嫩叶薄摊,老叶厚摊"的原则;气温低时要厚摊,气温高时要薄摊。一般摊叶厚度为 6~12 cm,细嫩原料为 6~8 cm,中等原料为 8~10 cm,稍老原料为 10~12 cm。

6) 发酵时间。发酵时间一般从揉捻开始计算,需 2.5~4 h。云南春茶季节,气候温和,细嫩原料发酵需 2.5~3 h,中等原料发酵需 3~3.5 h；夏秋茶季节气温高、湿度大，揉捻结束时叶子普遍泛红，表明其已发酵适度，可不必再进行发酵，应直接进行烘干。

（2）发酵程度

揉捻叶在发酵过程中，随着内含化学成分的变化，其外部表征也会规律性地发生变化。

1）叶色变化。一般当云南大叶种的叶色变为"新的红铜色"时，基本为发酵适度（见彩图 8）。但叶质老嫩不同，其色度表现也不同，嫩叶色泽红匀，老叶因发酵较困难，往往表现为红里泛青。发酵不足会导致叶色青绿或青黄，发酵过度则会使叶色红暗。

2）香气变化。发酵适度的叶子以具有花香至果香味为佳；而发酵不足的叶子则会带有青气；发酵过度的叶子香气低闷，甚至出现酸馊味。

3）叶温变化。在发酵过程中，当叶温达到高峰并趋于平衡时，即为发酵适度。叶温最好每隔 30 min 测量一次，并认真记录，以便找到最适合的发酵温度。

叶色、香气、叶温三者的变化具有同一性，均以多酚类物质的氧化反应为基础。发酵适度与否应综合三者的变化程度而定。

5. 干燥

干燥是红茶初制的最后一道工序，也是决定红茶品质的重要环节。

（1）干燥技术。可采用自动链式烘干机、手拉百叶式烘干机等进行干燥，应掌握温度、风量、烘干时间等技术要求。

1）温度。毛火进口热风温度为 110~120℃，不能超过 120℃；足火温度为 85~95℃，不能超过 100℃。毛火与足火之间需摊凉 40 min，不超过 1 h，摊凉叶层厚度为 10 cm 左右。温度过低会导致发酵过度，特别是当烘干机顶部叶温低时，就很难获得理想的干燥效果。可在烘干机顶部安装一个倒喇叭形的风罩，能使顶层温度升高 7~10℃，提高干燥效率。温度过高则会导致外干内湿甚至内湿外焦、条索不紧、叶底不展等缺点。

2）风量。用来干燥的风既是传热的介质，也是水蒸气散失的动力。因此，在一定温度下，加大风力可提高干燥效率。若风量不足，水蒸气不能及时排出，就会形成高温湿热环境，而较长时间的闷蒸则会使茶叶香气低闷，品质降低；若风量过大，会使热量损耗大，并吹掉细碎的叶片。一般风速以 0.5 m/s 为宜，风量以 6 000 m³/h 为宜。在烘干机顶部套上一个倒喇叭形的风罩，可使干燥效率提高 30%。

3）烘干时间。毛火 10~15 min，自动链式烘干机转速设为快

（中）挡，手拉百叶式烘干机每隔 3～5 min 拉一层。足火 15～20 min，自动链式烘干机转速设为中（慢）挡，手拉百叶式烘干机每隔 5～7 min 拉一层。

（2）干燥程度。毛火叶含水率以 20%～25% 为

> **小知识**
>
> 　毛火：也称"初干""初烘"，用于揉捻叶、发酵叶、二青叶等制品的第一次干燥。其作用是初步干燥茶叶，缩小体积，破坏残余酶活性，促进内含物的热化学反应，发展茶叶香气和滋味。
>
> 　足火：对毛火叶做进一步干燥，用于各类茶初制的第二次（最后一次）干燥。其作用是使茶叶充分干燥，缩小体积，固定外形，促进内含物的热化学反应，提高茶叶香气。

宜，足火叶含水率以 4%～5% 为宜。干燥适度经验鉴别：毛火叶达七八成干，叶尖及叶缘干硬，嫩梗稍软，手握有一定的刺手感；足火叶达足干，折梗即断，手碾茶条成粉末。

模块 3　红碎茶初制技术

一、花色类型及品质特点

红碎茶按其成品茶的外形和内质特点可分为叶茶、碎茶、片茶、末茶四大类，四类茶又包含多种花色，品质各有差异。

1. 叶茶

叶茶外形规格大，包括部分细长的筋梗，有两种花色，均系条形茶。

（1）花橙黄白毫（FOP）。花橙黄白毫由细嫩芽叶组成，其条索紧卷匀齐，色泽乌润，金黄毫尖多，长 8~13 mm，不含碎茶、末茶或粗大的叶子，是叶茶中品质最好的。

（2）橙黄白毫（OP）。橙黄白毫主要是在头子茶中产生，不含毫尖，条索紧卷，色泽尚乌润，是叶茶中品质稍差的。

> **小知识**
>
> 花色符号的含义如下。
>
> F：Flowery（花香） O：Orange（橙黄）
>
> P：Pekoe（白毫） B：Broken（碎）
>
> D：Dust（末）
>
> F（位于结尾）：Fanning（片）

2. 碎茶

碎茶外形较叶茶细小，呈颗粒状或长粒状，长 2.5~3 mm，汤艳味浓，易冲泡，是红碎茶中大量生产的花色。

（1）花碎橙黄白毫（FBOP）。花碎橙黄白毫由嫩芽组成，多属第一次揉捻后解块筛分出的一次一号茶，呈细长颗粒状，含大量毫尖。其形状整齐，色泽乌润，香高味浓，是碎茶中品质最好的花色。

（2）碎橙黄白毫（BOP）。碎橙黄白毫大部分由嫩芽组成，颗粒长度在 3 mm 以下，色泽乌润，香味浓郁，汤色红亮，是红碎茶中经济效益较高的产品。

（3）碎白毫（BP）。碎白毫的形状与碎橙黄白毫相同，色泽稍次，不含毫尖，香味较碎橙黄白毫次，但粗细均匀，不含片茶、末茶。

（4）碎橙黄白毫屑片（BOPF）。碎橙黄白毫屑片是从较嫩叶子中提取出的一种小型碎茶，色泽乌润，汤色红亮，滋味浓强。由于其体形较小，极易冲泡，因而是袋泡茶的好配料。

3. 片茶

片茶是从碎茶中风选出的片形茶，质地较轻，按外形大小可分为片茶一号和片茶二号两种。中小叶种还要按内质分为上、中、下三个档次。

4. 末茶

末茶外形呈沙粒状，色泽乌润，紧细重实，汤色较深，滋味浓强。由于其体形小，容易冲泡，因而是袋泡茶的好原料。

5. 混合碎茶

混合碎茶是从各种正规红碎茶中风选出的片形茶混合物，没有固定形状，很不匀整，含有摊叶和茶梗，香味较差，汤色浅淡。如果将其加工成末茶，可使汤质有所改进。

中国生产的红碎茶有两个适销区，一是外形匀整、颗粒紧细、粒型较大、汤色红浓、滋味浓厚、价格适中的中下级茶和普通级茶，适合中东某些国家;二是体形较小,净度较好,汤色红艳,滋味浓强、鲜爽,香气高锐持久的中高级茶,适合澳大利亚和欧美等国家和地区。

二、红碎茶初制工艺

红碎茶初制工艺流程:鲜叶→萎凋→揉切→发酵→干燥。

1. 红碎茶鲜叶要求

红碎茶鲜叶要求是嫩、鲜、匀、净。各地茶厂都有试行的红碎茶鲜叶验收标准,见表3—4。

表3—4　　　　　　红碎茶鲜叶验收标准（参考）

级别	主要芽叶组成	各种芽叶比例	匀度、鲜度、净度
一级	一芽二叶	一芽二叶占50%,一芽三叶初展占30%,同等嫩度的对夹叶、单片叶占20%	均匀、新鲜、洁净无杂物,不合标准芽叶超过8%者降一级,匀度不好者降一级
二级	一芽二叶、一芽三叶初展	一芽二叶占20%,一芽三叶初展占50%,同等嫩度的对夹叶、单片叶占30%	
三级	一芽二叶、一芽三叶	一芽三叶初展占15%,较老化的一芽二叶、一芽三叶占40%,同等嫩度的对夹叶占45%	
等外	对夹叶及单片叶	老嫩不分的芽叶,较嫩的对夹叶和单片叶	
老叶	已老化的芽叶、粗梗黄片叶		

2. 萎凋

红碎茶萎凋的目的、环境条件、方法等与工夫红茶相同，只是两者的萎凋程度存在差异。萎凋程度应根据鲜叶品种、老嫩程度、揉切机型、茶季等因素确定。一般传统制法和转子制法萎凋偏重，CTC制法和LTP制法萎凋偏轻，不同制法萎凋适度指标见表3—5。具体指标随茶季和鲜叶老嫩程度不同而有所差异，一般以含水率68%~70%为好。

表3—5　　　　　　不同制法萎凋适度指标　　　　单位：%

品种	传统制法含水率	转子制法含水率	CTC制法含水率	LTP制法含水率
云南大叶种	55~58	58~62	68~72	68~70
中小叶种	58~60	60~65	66~70	66~70

3. 揉切

揉切是红碎茶品质形成的重要工序，通过揉切既可使其形成紧结的颗粒外形，又可使其内质香气、滋味浓强鲜爽。揉切室的环境条件与工夫红茶相同，但所使用的机器类型、揉切方法不同。目前各地多采用多种类型的机组和配套揉切技术来完成红碎茶的揉切工艺。根据所选用的机种不同，可将揉切方法归纳为以下几种。

（1）传统揉切法。该法一般先揉条后揉切，要求短时、重压、多次揉切、分次出茶。传统揉切法的具体操作流程是：首先将萎凋叶投入普通大型揉捻机中揉捻 35~40 min，揉成条索后再进行解块筛分，筛面茶和筛底茶分别用 55 型揉切机进行揉切，用 5 孔和 6 孔解块筛分机进行筛分，筛底茶发酵，筛面茶再用小型揉切机进行揉切。第一次揉切 20 min，第二次揉切 15 min，第三次揉切 10 min。必要时可进行 4 次揉切，每次揉切 10 min。每次揉切后均要进行解块筛分，筛底茶发酵，筛面茶复揉切，最后再全部完成发酵。揉切次数与揉切时间应根据气温和叶质而定，气温高应短时多次揉切，嫩叶应缩短揉切时间并减少揉切次数。

（2）揉捻机与转子揉切机组合揉切法。采用这两种机型进行组合揉切，一般先揉条后揉切。要求短时、重压、多次揉切、多次出茶。这种方法近似于传统揉切法，其揉切流程如图 3—8 所示。

（3）转子揉切机组合揉切法。转子式揉切机所制红碎茶较传统揉切法具有揉切时间短，碎茶效率高，茶叶颗粒紧结、香味鲜浓等优点。

操作方法是：用 30 型转子式揉切机代替 90 型揉捻机，并与转子机组合使用。另外，解块筛分也改用平面圆筛机，这样可使切碎茶筛成圆颗粒状，有利于改善茶叶的外形。使用平面圆筛机筛分揉切叶时，容易使筛孔堵塞，可采用经常更换筛片的办法加以解决。

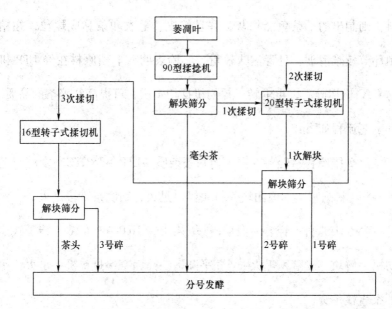

图 3—8 揉捻机与转子揉切机组合揉切法的揉切流程（大叶种红碎茶春茶）

（4）LTP 机和 CTC 机组合揉切法。若采用这两种机型进行组合揉切，必须具备以下两个条件：第一，鲜叶萎凋程度要轻，含水率应保持在 68%～70%，以利于切细、切匀；第二，鲜叶原料要有良好的嫩度。以 1～2 级

小知识

CTC红碎茶：CTC红碎茶是指在揉切工序中采用切茶机切碎制成的红碎茶。CTC即为碾碎(Crushing)、撕裂(Tearing)、卷曲(Curling)的缩写。

LTP机锤击法：LTP机锤击法所使用的关键设备是一种作业原理与饲料粉碎机相似的LTP机。其主要工作部件为主轴上装有锤片和刀片的转子，转动时可将加工叶击碎，目前国内较少使用。

叶为好，这样可获得外形光洁、内质良好的产品。如果采用下档原

料，则制出的干茶色泽枯灰，并且筋皮、毛衣和茶黏成颗粒，在精制环节较难清理，且青涩味较重。实验表明，下档原料在经LTP机与CTC机切碎后，再上转子揉切机揉切1次，可提高红碎茶的品质。其工艺流程如下：

1~3级原料：轻萎→振动槽筛去杂质→LTP→3×CTC→发酵→毛火→7孔平圆筛→筛面团块→打块机→足火，筛底茶直接足火。

4~5级原料：轻萎→振动槽筛去杂质→LTP→3×CTC→转子式揉切机→解块→发酵→毛火→7孔平圆筛→筛面茶→打块机→足火，筛下茶直接足火。

云南滇红集团股份有限公司改进后的大叶种红碎茶生产线为：萎凋→转子式揉切机三组CTC→发酵→烘干→分筛→拼配→补火→装箱。为降低末茶率、提高碎茶率，该公司在揉切工艺中加入了红碎茶造粒机造粒，在保证品质的情况下可使末茶率降低到15%左右。

4. 发酵

红碎茶发酵的目的、技术条件及发酵过程中的物质变化与工夫红茶相同。由于国际市场要求红碎茶香味鲜浓，尤其是具有茶味浓厚、鲜爽、强烈的品质风格，故红碎茶的发酵程度较工夫红茶为轻。

（1）发酵的技术条件。发酵应做到薄摊、短时，摊叶厚度为4 cm，室温为23~25℃，室内空气相对湿度为95%。在一定条件下，发酵程度与时间有关，云南大叶种发酵叶温一般控制在 26℃ 以下，最高叶温不超过 28℃，时间以 40~60 min 为宜（从揉捻开始算起）；中小叶种发酵叶温控制在 25~30℃，最高叶温不超过 32℃，时间以 30~50 min 为宜。为提高发酵质量，控制发酵程度，一般采用通气发酵车、连续发酵槽、空调发酵车间等设备设施来控制发酵温度、湿度，以提供充足氧气，并排出二氧化碳。

（2）发酵程度的掌握。大叶种发酵程度以叶色由绿色变为橙黄色、青臭气消失、发出清香为适度，小叶种发酵程度以叶色变为红黄色、香气发出花香为适度。

红碎茶的滋味与发酵程度密切相关。发酵不足时，干茶色泽棕黄，汤色浅，苦涩味较重，甚至有青味；发酵过度时，干茶色泽黑褐，汤色暗，滋味淡薄甚至变酸；发酵适度时，干茶色泽棕红或棕褐，汤色红艳明亮，滋味浓强鲜爽。

5. 干燥

红碎茶干燥的目的、技术以及干燥过程中的理化变化与工夫红茶相同，只是在具体措施上有所差别。

由于揉切作用对叶细胞损伤程度高，多酚类化合物的酶促氧化反应激烈，应迅速采用高温破坏酶的活性，抑制多酚类化合物的酶促氧化反应；同时迅速蒸发水分，避免湿热作用引起非酶促氧化反应。因此，红碎茶干燥应以"高温、薄摊、快速"为原则，一次干燥为好。目前，我国的红碎茶干燥方法有两种，即传统的烘干机二次（或一次）干燥法和流化床干燥法。

（1）烘干机二次干燥法

1）毛火。进风温度为110~115℃，采用薄摊快速烘干法，摊叶量为1.25~1.50 kg/m²，烘至含水率为20%（茶颗粒由软变硬）。

2）摊凉。茶叶毛火后下机摊凉冷却，时间为15~30 min，叶层要薄，控制在5~8 cm。

3）足火。进风温度为95~100℃，摊叶量为2 kg/m²，烘至含水率为5%（手捻茶颗粒成末）。应严格分级分号进行干燥，干燥完毕摊凉至室温后装袋。

一次烘干所用机械和二次烘干相同，只是在100℃左右温度下一次烘干完成。

（2）流化床干燥法。流化床干燥又称沸腾床干燥，流化床干燥机示意图如图3—9所示，要求流化床干燥机的第一级热风室配用电机功率为22 kW，第一级干燥室温度为110~115℃；第二级热风室配用电机功率为18 kW，第二级干燥室温度为90~95℃。感官检查茶颗粒干燥程度，保证茶颗粒含水率为5%±0.5%，高于此范围会使成茶产生高火味，低于此范围则成茶香气不足，且达不到出厂含水率标准。

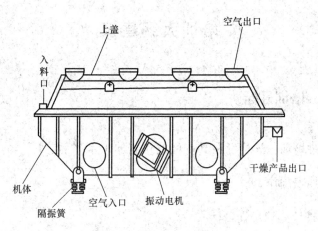

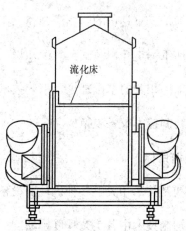

图 3—9　流化床干燥机示意图

培训大纲建议

一、培训目标

通过培训，学员可在具有红茶初制加工水平的工厂、企业内完成红茶加工制作。

1. 理论知识培训目标

（1）了解茶叶加工工应具备的职业道德和工作职责。

（2）掌握红茶加工基本知识及安全生产知识。

（3）了解红茶加工相关的基础理论及工艺技术。

（4）掌握红茶初制技术及各项指标。

2. 操作技能培训目标

（1）掌握红茶初制技术相关的各种机械及设备操作。

（2）掌握红茶初制技术中各工艺程度判断。

（3）初步掌握红茶加工技术。

二、培训课时安排

总课时数：78 课时。

理论知识课时数：48 课时。

操作技能课时数：30 课时。

具体培训课时分配见下表。

培训课时分配表

培训内容	理论知识课时	操作技能课时	总课时	培训建议
第1单元　岗位认知	4		4	**重点**：岗位职责和素质要求 **难点**：茶叶安全生产及加工岗位职责 **建议**：向学员强调掌握安全生产和了解相关质量管理知识的重要性
模块1　茶叶加工工职业道德及职业守则	2		2	
模块2　茶叶安全生产及茶叶加工岗位职责	2		2	
第2单元　红茶基础知识	18		18	**重点**：红茶初制工艺 **难点**：红茶发酵 **建议**：介绍各工艺目的、要求，了解红茶工艺的相互联系和影响
模块1　红茶概述	4		4	
模块2　红茶初制工艺	14		14	
第3单元　红茶初制技术	26	30	56	**重点**：1. 小种红茶初制技术 2. 工夫红茶初制技术 **难点**：红茶发酵技术 **建议**：强调用对比法学习各类红茶的加工方法
模块1　小种红茶初制技术	10	12	22	
模块2　工夫红茶初制技术	10	12	22	
模块3　红碎茶初制技术	6	6	12	
合计	48	30	78	